QIÓNGLIÁN

蛩蠊

ROCK CRAWLER

[日] 館野鴻 / 著绘

徐 超 / 译 张巍巍 / 校注

新星出版社 NEW STAR PRESS

这是一座崖壁上的森林，
位于河流与城镇之间。

森林的地面上，

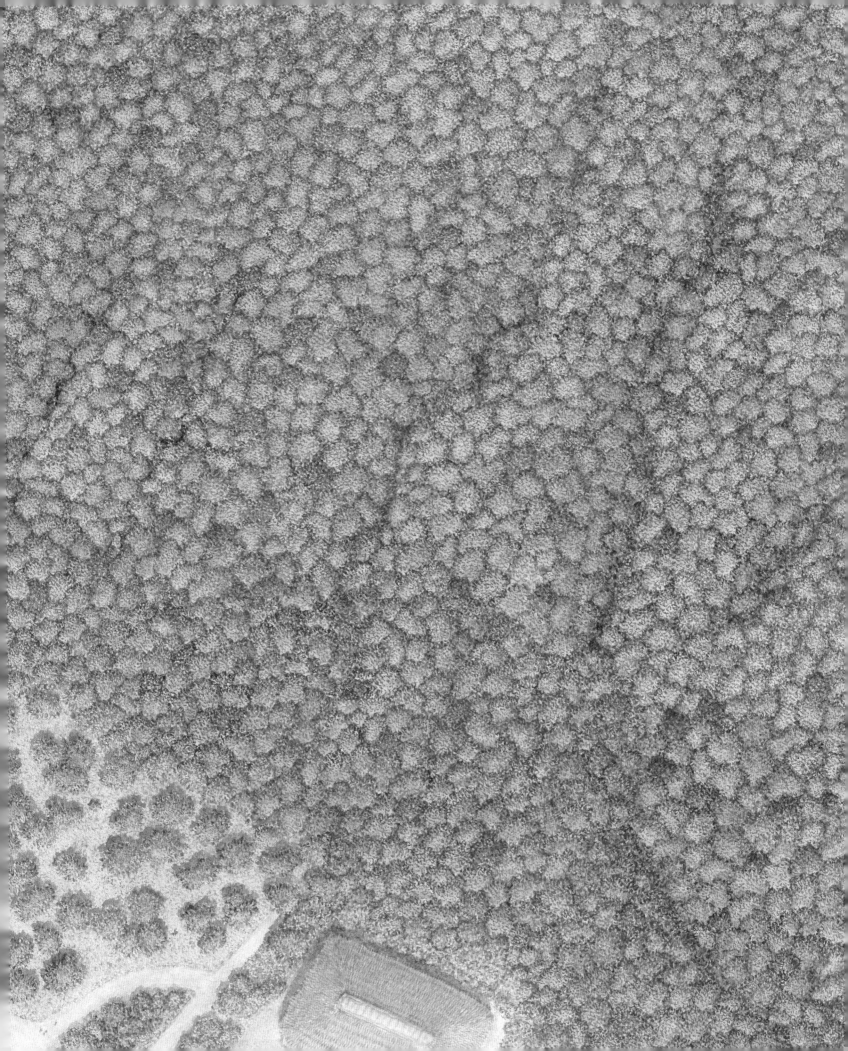

全是从崖壁塌落的岩块与石头。

在岩块与石头的最深处，

一只蚤蠊幼虫，
从黑黑的虫卵中，
破壳而出。

小小的蚤蠊为了寻找食物，
四处奔走。

线蚓被蚤蠊吃掉了。

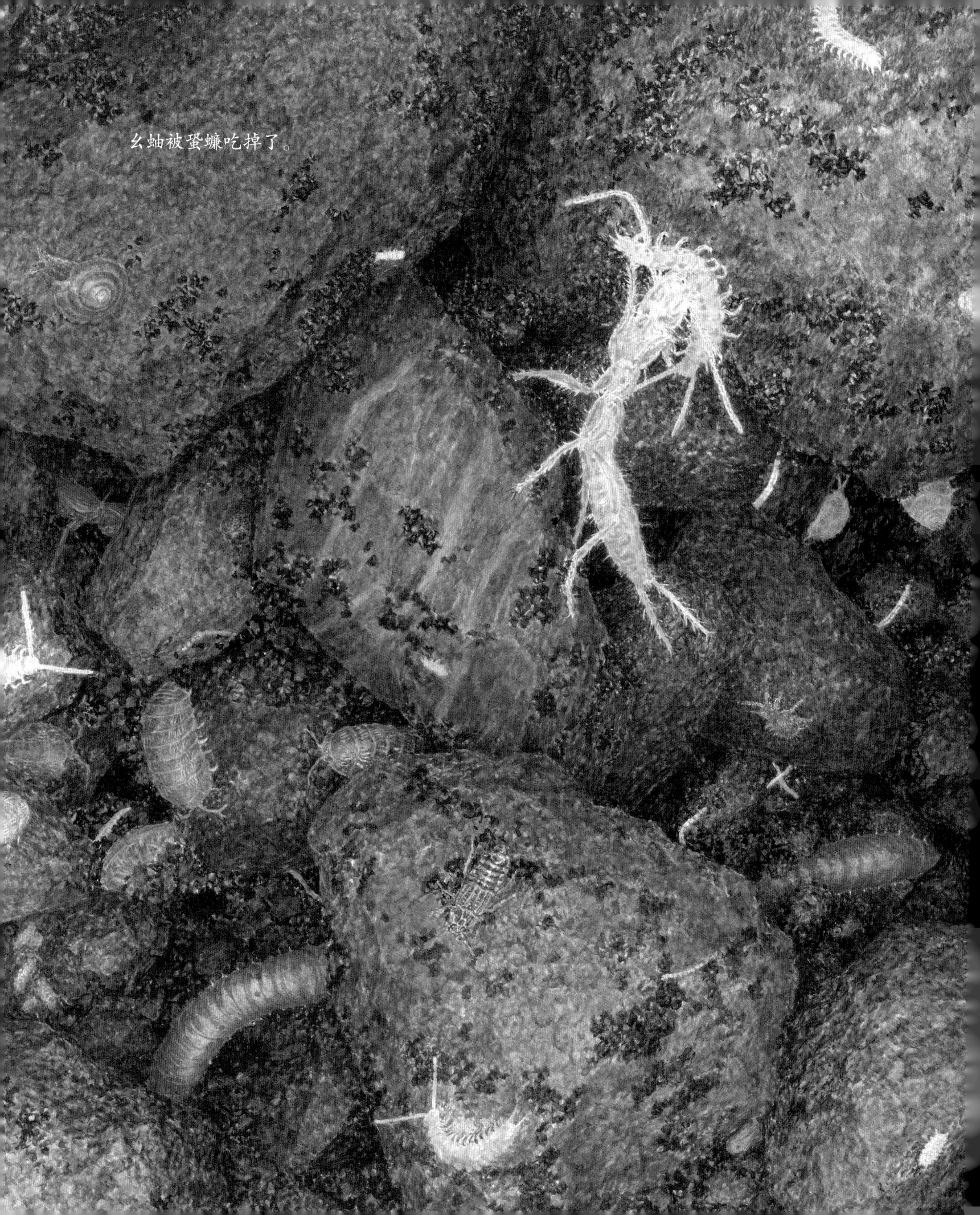
幺蚰被蛩蠊吃掉了。

一个又一个小不点生物被蚤蠊吃掉了，
蚤蠊渐渐长大了。

吃铁尾虫的时候，
蚤蠊被蚂蚁袭击了。

蚤蠊的尾巴和触角被咬断，
它丢下吃了一半的铁尾虫，
从蚂蚁群中逃走了。

捕食，逃跑。

逃跑，捕食。

蜇蠊在地面下奔来跑去，

不知过了多少年。

蜣螂长大了，成了一只成年的雌虫。

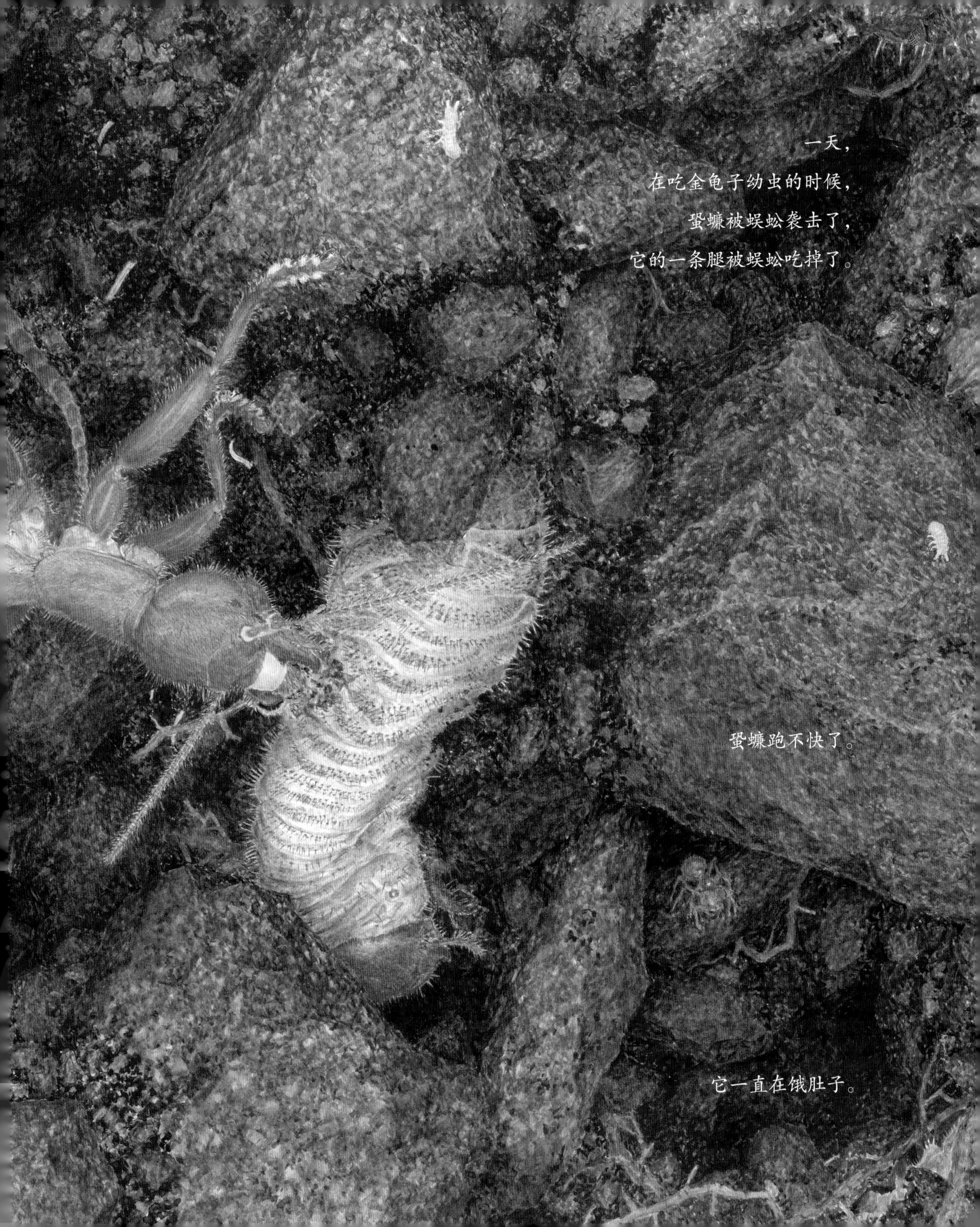

一天，
在吃金龟子幼虫的时候，
蛩蠊被蜈蚣袭击了，
它的一条腿被蜈蚣吃掉了。

蛩蠊跑不快了。

它一直在饿肚子。

一只雄蚕蟥发现了饿着肚子的雌蚕蟥，
和它交尾了。

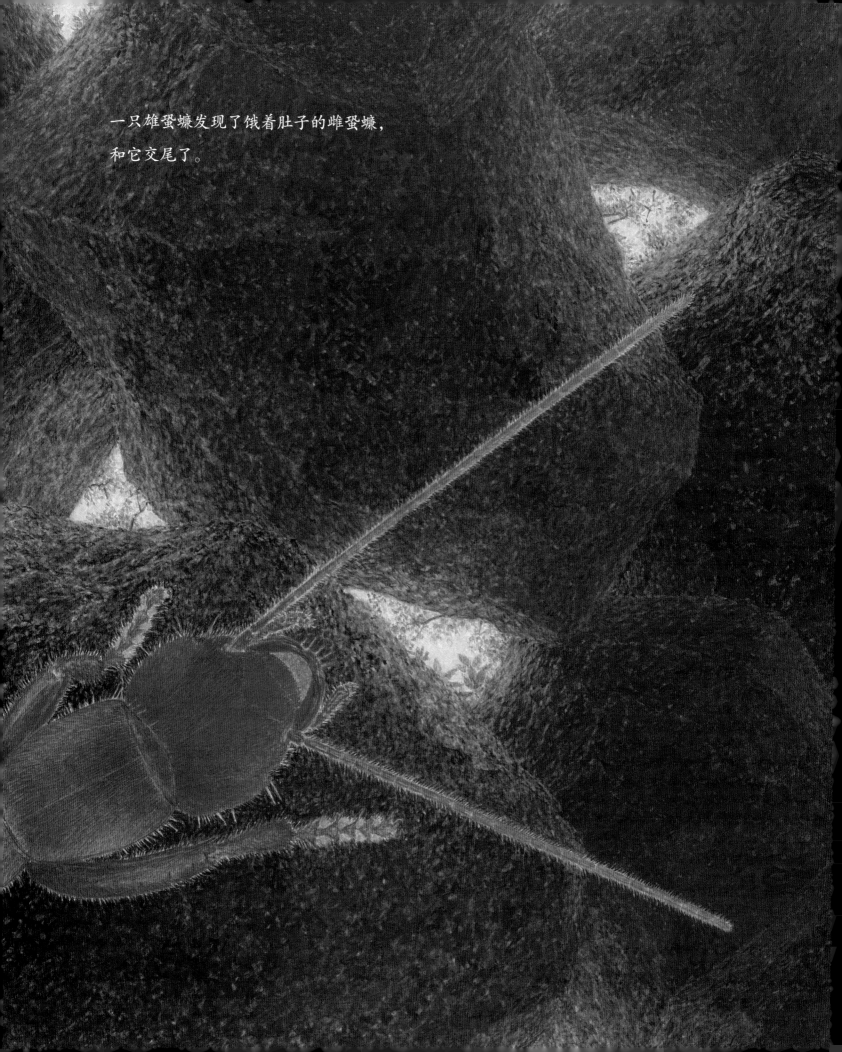

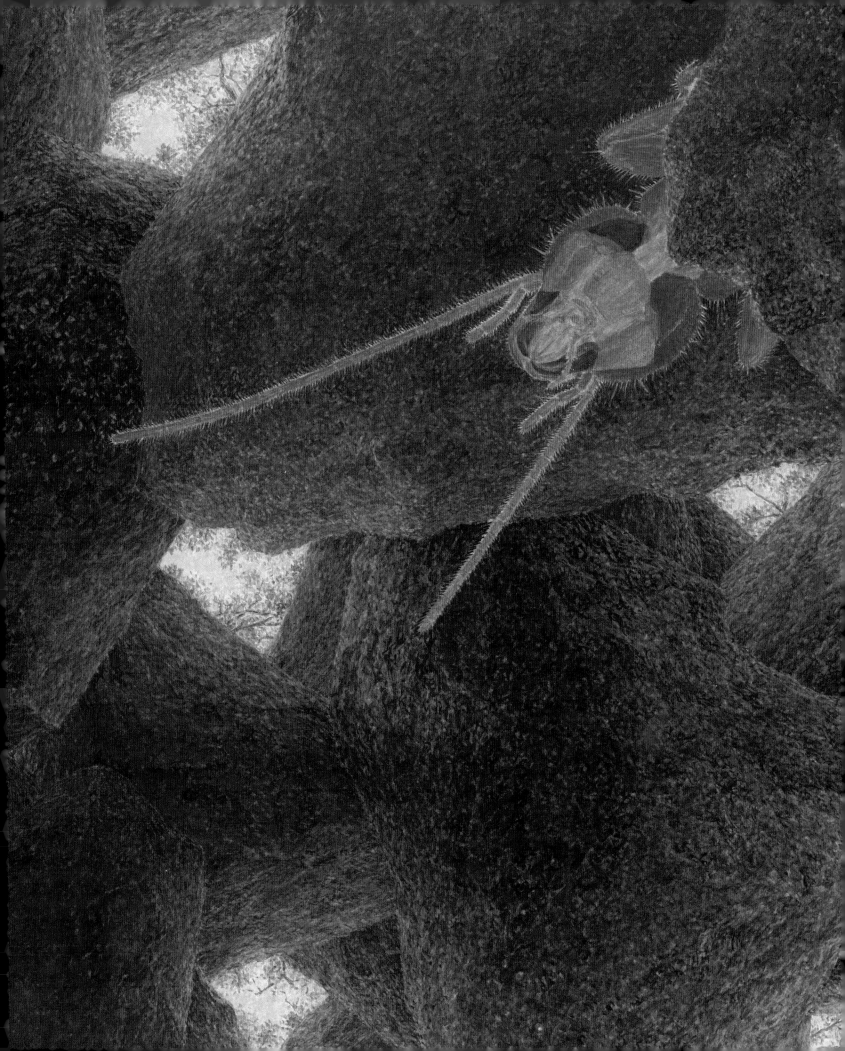

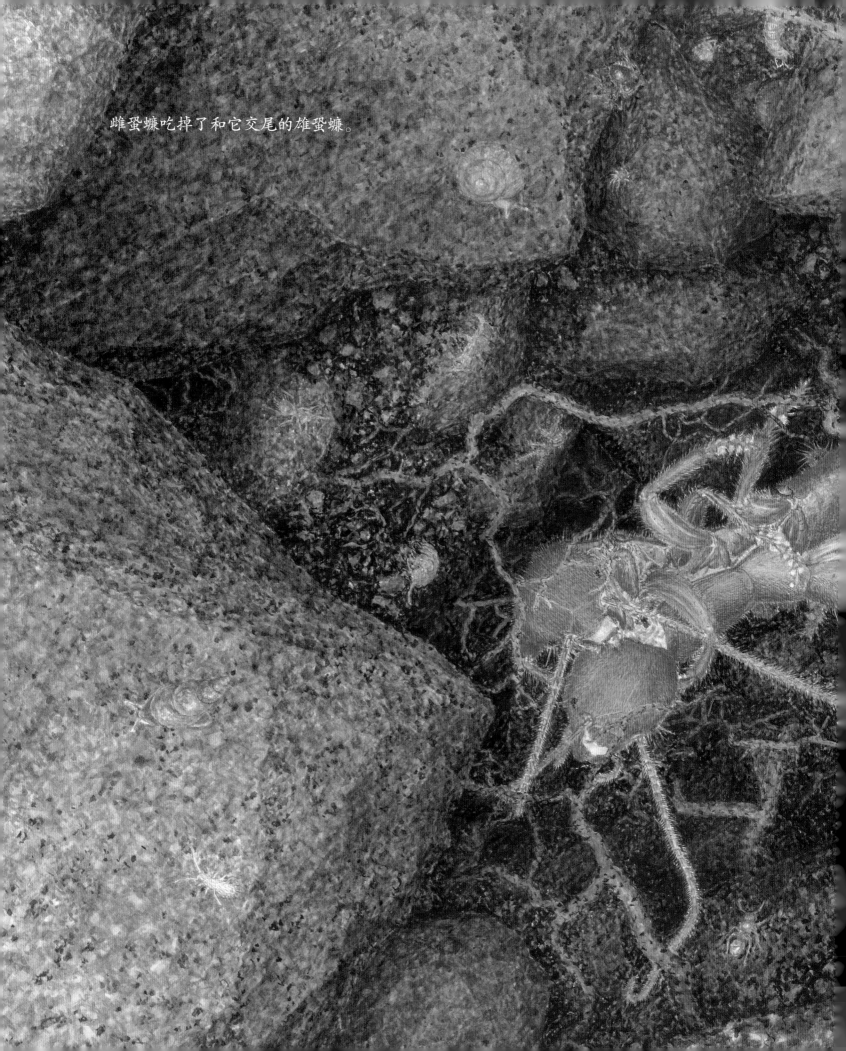

雌蛩蠊吃掉了和它交尾的雄蛩蠊。

虫卵在蛰螂的肚子里孕育着。

蚕蛾在石块的缝隙间，
产下了一颗又一颗小小的、黑色的卵。

在四处寻找猎物的时候，

蚰蜒的脚被丝缠住了。

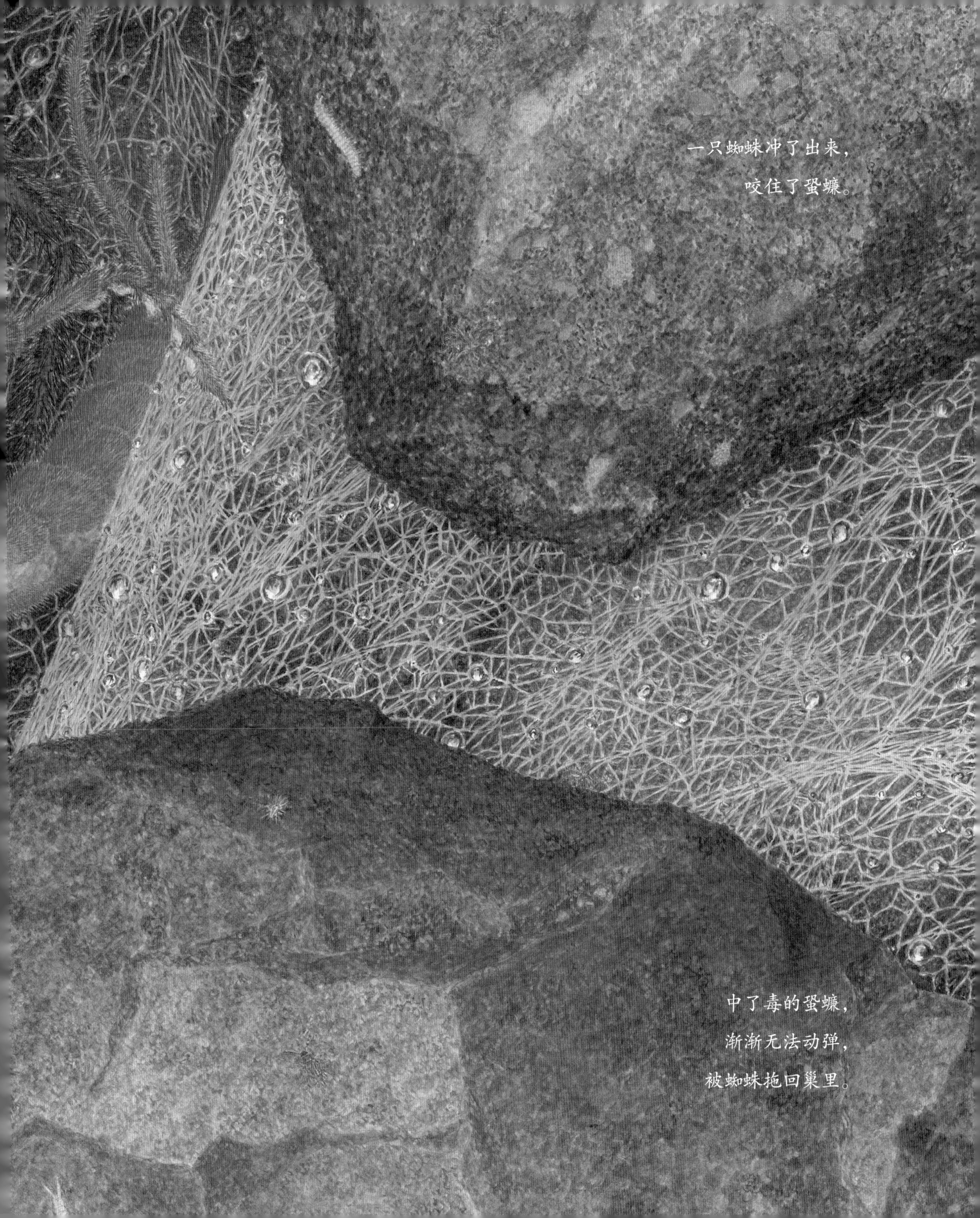

一只蜘蛛冲了出来，
咬住了蛩蠊。

中了毒的蛩蠊，
渐渐无法动弹，
被蜘蛛拖回巢里。

从蚕蠊出生，

到它死去，

过了 8 年。

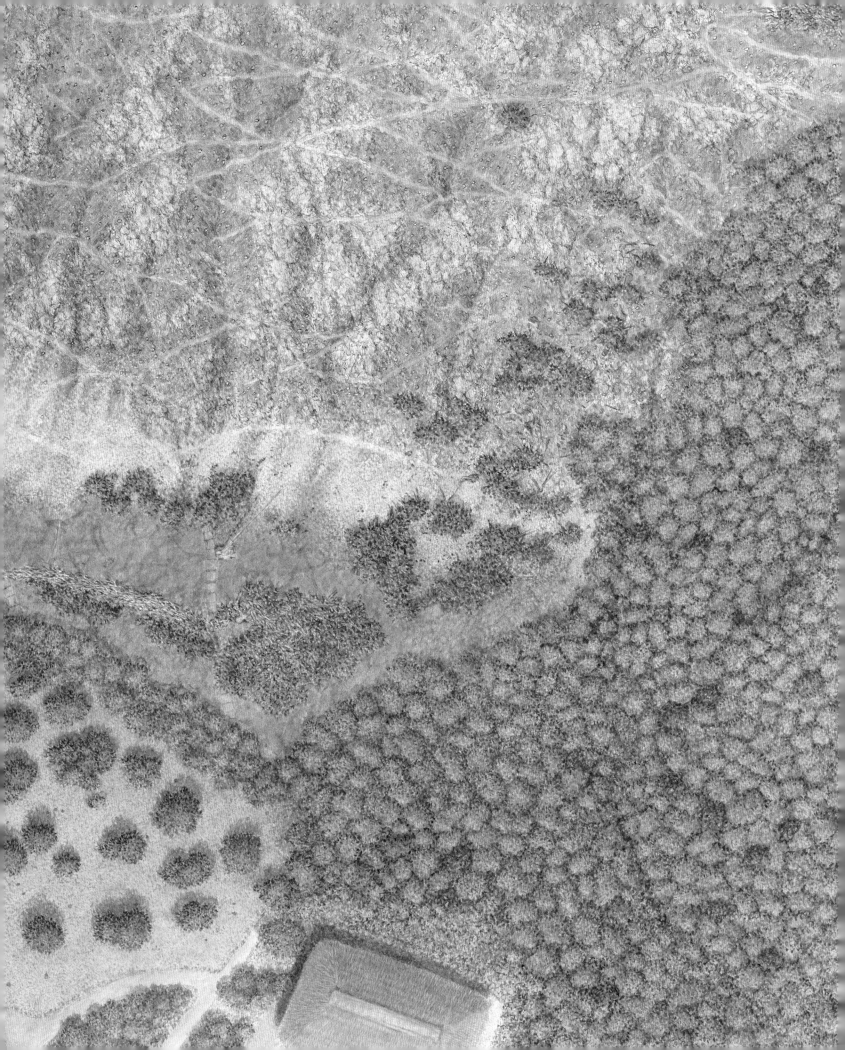

关于蛃蠊

没有特点的虫子

蛃蠊*，就算听到这个名字，也无法清晰地想象出它的模样。这种虫子是法国外交官伽罗瓦在日本栃木县日光市的中禅寺湖发现的，1914年被命名为蛃蠊。

蛃蠊在日本也被叫作伽罗瓦虫，就只是在发现者伽罗瓦的名字后面加了个"虫"字，这并不是一个能表现这种虫子特征的名字。或许是因为这种虫子的形态没有什么显眼的特点，所以没法给它取个其他的什么名字吧。

体色的变化

蛃蠊的卵长2毫米，黑黑的，好像芝麻粒一样。幼虫需要1年时间才会从黑色的卵中孵化出来，然后经过8次蜕皮才会变成成虫。一般认为蛃蠊的寿命约为5～8年，幼虫是全身通透的白色，变为成虫后，身体就成了棕红色。蛃蠊成虫约2厘米大，没有翅膀，复眼也小得几乎看不出来，还有一些

种类的蛃蠊就没有复眼。蛃蠊的身体非常软糯，稍用力抓一下就会被抓破。不过它们的动作非常迅捷，甚至能够进行短距离地跳跃，所以很难抓到它们。

同类相食

蛃蠊非常凶猛，常常会同类相食。把成年的雄虫和雌虫放进同一个容器，转眼间就会有一方被咬住，所以不把它们都喂饱，就没法好好观察。螳螂的同类相食广为人知，放眼其他昆虫或动物，因食物不足或个体密度过高而导致同类相食的情况其实比较多见。

不止成虫如此，幼虫也常常会同类相食。话虽如此，可在观察蛃蠊栖息地的时候，也不止一次遇见过好几只幼虫聚集在一起的情景。虫子的心真是难懂呀。

活化石

蛃蠊通常生活在碎石堆及阴暗潮湿的洞穴中。所谓碎石堆，就是由大大小小的碎石块（比沙砾要大一些的岩石碎块）堆积而成的斜坡。此外，在山谷河边的石块下，以及高山的朽木和岩石下，也能见到它们的身影。它们害怕明亮干燥的环境，身体一旦变干就会死去。因为生活在光线几乎照射不进来的、阴暗的地下缝隙里，所以蛃蠊不需要复眼和翅膀，取而代之的是生长在身体上的绒毛。这些绒毛可以感知周围的环境状况，是蛃蠊非常重要的感觉器官。

科学家们认为蛃蠊至今仍保存着原始的形态特征。虽然我们现在能见到的蛃蠊都不会飞，但在侏罗纪后期的化石中，它们却有4只翅膀，当时它们似乎是可以在空中自由飞翔的。科学家们想象它们活着时会是什么样子，画下了右边的复原图。

生活在地下的生物们

除了蛃蠊外，还有许多生物也是只能生活在阴暗、潮湿的环境中的。那是一个庞大的世界，既有生活在混杂着动植物尸体与矿物碎屑的泥土中的"土壤生物"，也有生活在地下缝隙和洞穴中的"洞穴生物"。

碎石堆是一个土壤与洞窟环境相连的地方。这里生活着无数生命，以菌类为首，也包括动物与植物。还有一些动物，仅在幼虫时期生活在这里。

这些生活在地下的生物们，为了能在阴暗、潮湿、狭小的空间里生存，身体都特化了，比如变得很小，或是变得又细又长，以便能在狭窄的地下缝隙间自由活动。因为没有光线，复眼退化了。大部分地下生物失去了丰富的颜色，以白色和红褐色为主，但也有一些地下生物体色非常鲜艳，呈红、蓝、紫等颜色。不管这些地下生物是哪种颜色，它们的形态都与我们习以为常的截然不同，非常奇妙。不过，或许在这些生物看来，生活在地面上的我们才是很"奇妙"的呢。

蚯蚓建造的隧道

挖开碎石堆，我们可以看到地下栖息着许多蚯蚓。它们以落叶为食，拉出大量如土块般的粪便。碎石堆通常位于悬崖底下的斜坡上，那是很不稳定的场所，常常会有因风吹雨淋而松动的石块落下。但蚯蚓的粪

便将这些石块黏合在一起，植物的根也都朝向营养丰富的蚯蚓粪便生长，所以地底下的空隙是很稳定的。而蚯蚓在地下穿行的通道则成了连接石块与石块间空隙的隧道，形成了一个相互连通的微型洞穴般的环境。碎石堆里的小小生物们，就在这样的环境中生活着。

蚰蜒的天敌

通过挖掘观测地的碎石堆来进行调查，是很难对地下发生的状况做到一览无余的，也很难持续观察生活在那里的生物们的互动关系。

所以，我们需要在重现了地下环境的装置中，饲养各种各样的地下生物，然后观察它们。要在湿度和温度变化很大的地上饲养这些地下生物非常困难，即便用上冰柜，悉心管理湿度，也常常会失败。

蚰蜒的天敌是什么呢？因为几乎没有观察到实例，我们就在装置里放进蜈蚣、大型步甲等肉食性生物。可蚰蜒的行动速度很快，它们的攻击全都落空了。另一方面，我们使用同样的装置对隙蛛进行观察，它们在地下浅层的空隙间张起如同幕布一样的蛛网，趁经过的生物触碰到黏糊糊的蛛网、行动变得迟缓的瞬间飞奔出来，咬住猎物，注入毒液，使猎物麻醉。即便是行动迅速的蚰蜒，也无法躲过这种奇袭。

取材环境

日本神奈川县有一条大河叫相模川，我们的取材地就选在了相模川左岸的山崖下。

在日本，有一条长长的、被称作"中央构造线"的地质断层，它从日本九州地区一直延伸到日本关东地区。在这条断层线以南，有个叫"四万十带"的地方，是由海底板块俯冲入大陆板块时削落的碎片堆积而形成的地块（也被称为增生楔）。我们的取材地就位于这个地块上。它在数十万年前隆起，变成了陆地。

箱根山及富士山等火山曾经喷发出的火山灰，层层堆积，造就了相模原（也被称为关东壤土层）。流经此处的相模川，将上游山崖塌落的各种石块磨削得圆滚滚的，河底到处都堆积着砂石与鹅卵

石。所以，在取材地现场，既有从泥岩和砂岩上风化塌落的、棱角分明的石块——它们来自从海底隆起到地面的"四万十地层"，也有从曾是河底的地层落下的、磨得圆滚滚的石头。经历了漫长的岁月与故事，终于形成了这样一个碎石堆。

生命的界限

蚰蜒栖息的碎石堆，是古老到令人无法想象的地层，经历了漫长的时间——隆起、风化、塌落、堆积而形成的。如今，那儿成了小小生物们的栖息地。而那个阴暗的地下世界，看似与我们的生活毫不相干，实际上就在我们身旁支撑着我们生活的地面。我们就这样生活在大地漫长的历史及壮阔的循环中。我们如今所见到的这个世界，并不是一成不变的，在时间的长河中，它也在不断地变化着。世界上存在永恒不变的事物吗？不断循环的生命的界限，究竟在哪里呢？

*注：蚰蜒这个名字是根据蚰蜒目的学名 Grylloblattodea 意译而来的，拉丁文 gryllus 是蟋，即蟋蟀的意思，blatta 则是蠊，即蟑螂的意思。被叫作蚰蜒，是因为这类虫子的外观介于蟋蟀和蟑螂之间。

本书中登场的生物

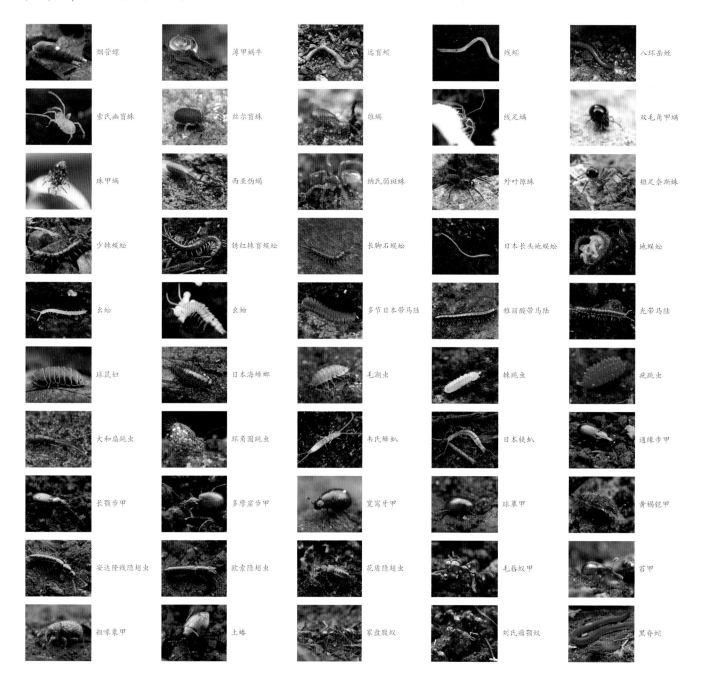

烟管螺	薄甲蜗牛	远盲蚓	线蚓	八环岳蛭
索氏幽盲蛛	丝尔盲蛛	维螨	线足螨	双毛角甲螨
珠甲螨	西亚伪蝎	纳氏弱斑蛛	外叶隙蛛	短足奈斯蛛
少棘蜈蚣	锈红棘盲蜈蚣	长脚石蜈蚣	日本长头地蜈蚣	地蜈蚣
幺蚣	幺蚰	多节日本带马陆	雅丽酸带马陆	光带马陆
球鼠妇	日本海蟑螂	毛潮虫	棘跳虫	疣跳虫
大和扁跳虫	环角圆跳虫	韦氏鳞蚖	日本铁蚖	通缘步甲
长颈步甲	多摩窟步甲	宽窝牙甲	球蕈甲	黄褐铠甲
安达隆线隐翅虫	欧索隐翅虫	花盾隐翅虫	毛唇蚁甲	苔甲
粗喙象甲	土蜂	家盘腹蚁	刘氏瘤颚蚁	黑脊蛇

[腹足纲（陆生贝类）] 日本树蜗牛 / 一种真蛞蝓 / 一种锥蜗牛　[单向蚓目（蚯蚓类）] 一种钜蚓 / 一种正蚓　[盲蛛目] 丘真弱盲蛛 / 毛足须盲蛛　[中气门螨目] 上野维螨 / 柔虮蝎螨 / 拉提螨 / 派伦螨 / 长茎浩伦螨 / 异球螨 / 甲胄螨　[前气门亚目] 一种携卵螨 / 一种捕食螨 / 一种纤赤螨 / 鼻螨　[甲螨亚目] 大阿波罗甲螨 / 大头甲螨 / 澳三甲螨 / 叶广汉甲螨 / 网角甲螨 / 龙足甲螨 / 长单翼甲螨 / 珠甲螨　[伪蝎目] 一种异伪蝎 / 土伪蝎 / 日本双毛肉伪蝎　[蜘蛛目] 日本剌足蛛 / 霞漏斗蛛 / 蟏蛛 / 一种皿蛛 / 一种巨蟹蛛 / 另一种漏斗蛛 / 梅氏毛蟹蛛 / 樱蛛 / 良次蛛　[唇足纲] 棘盲蜈蚣 / 高桑石蜈蚣 / 棘盲石蜈蚣 / 长脚石蜈蚣 / 其他两种石蜈蚣 / 长头地蜈蚣 / 普地蜈蚣 / 另一种地蜈蚣 / 日本蜈蚣　[倍足纲] 一种毛带马陆 / 一种欧带马陆 / 一种少纹姬马陆 / 一种光带马陆 / 日本隐头带马陆 / 短头马陆　[等足目] 万氏蒙潮虫　[钩虾亚目] 日本板跳钩虾　[弹尾纲] 滨棘跳虫 / 伪亚跳虫 / 白符跳虫 / 杂跳虫 / 鳞跳虫 / 长角跳虫　[双尾纲] 铁尾虫　[革翅目] 东慈螋　[半翅目] 一种菱蜡蝉 / 一种地长蝽 / 青草土蝽　[鞘翅目] 锥须步甲 / 潘通缘步甲 / 珀利通步甲 / 地步甲 / 毛娄步甲 / 二斑平步甲 / 一种步甲（幼虫）/ 迸牙甲 / 阎甲 / 缨甲 / 球蕈甲 / 长跗隐翅虫 / 一种平缘隐翅虫 / 一种腹毛隐翅虫 / 一种卷囊隐翅虫 / 筒形隐翅虫 / 天线花盾隐翅虫 / 艾美斯花盾隐翅虫 / 日本花盾隐翅虫 / 一种丽隐翅虫 / 隆线隐翅虫 / 蚁甲 / 高桑蚁甲 / 一种瘤角蚁甲 / 一种毕蚁甲 / 卵苔甲 / 日本毛泥甲 / 毛泥甲（幼虫）/ 大理窃囊 / 毛蕈甲 / 一种隐食甲 / 草莓露尾甲 / 一种拟步甲（幼虫）/ 一种欧缇象甲 / 丝木象甲 / 草莓象甲 / 粗毛妙喙象甲 / 一种象甲（幼虫）　[双翅目] 一种蚊蝇　[膜翅目（蚁类）] 渡濑巷尾猛蚁 / 邵氏隐猛蚁 / 粗糙猛蚁 / 亮红大头蚁 / 日本切叶蚁 / 塔蚁 / 阳泉瘤颚蚁 / 黄立毛蚁 / 皮氏大头蚁　[膜翅目（蜂类）] 一种跳小蜂

后记

　　这本绘本描绘的是这样一个场景：人类居住的城镇与黑暗的地下生物世界，通过地面连接在一起。作为故事舞台的崖上森林的上方，建有住宅和工厂。假如发生了自然灾害，我们的家和山崖一同塌落了，或者是沿河建造的住宅和道路被洪水吞没了，我们该怎么办才好呢？大自然总会超越我们的想象与预测，从远古时代起，自然灾害、气候变化、疾病等苦难就常常"结伴造访"人类。而对于野生生物来说，也同样如此，这些灾难随时都会降临。

　　这本书里的城镇虽然是我虚构的，但从蚈蠊出生到死亡的这 8 年间，城镇还是发生了巨大的变化。存在于自然界的物质，原本是作为各种各样生命所需的资源在循环着的。但不知何时，人类就切断了这种循环，单方面地从自然中攫取资源。我们集结前人智慧的结晶，利用最先进的土木工程技术，筑起了精致而巨大的人工建筑。这些建筑虽然震撼人心，但这种开发，却是以牺牲绘本中那些地下生物和它们的生活为代价的。每一个小小的生命，都有自己的历史、生活和生存方式。觉察到这一点，对于我们的未来，或许是件非常重要的事。

　　创作这本书时，我得到了许多人的指导与帮助，谨在此致上最诚挚的谢意。

馆野鸿

　　1968 年出生于日本横滨市。曾师从已故的熊田千佳慕。做过戏剧、现代美术、音乐等方面的工作，后作为评估环境影响的生物调查员，全方面接触到日本国内的野生生物。在进行生物调查的同时，也亲手绘制景观图、生物图鉴画、生物解剖图等。2005 年，经摄影师久保秀一建议，开始创作绘本。作品《斑螯》获小学馆儿童出版文化奖。其他主要作品有《埋葬虫》《虎凤蝶》（偕成社），《萤蜂》（泽口多摩美 / 著）、《在叶子上》（福音馆书店），《爱捉迷藏的雨蛙》（川岛晴子 / 绘，世界文化社），《宫泽贤治的鸟》（国松俊英 / 文，岩崎书店）等。生物画作品有《生物的生活》（学研社）、《世界上的美丽鸟羽》（诚文堂新光社）等。

作者近照 吉田让 / 摄

策划 / 心喜阅信息咨询（深圳）有限公司　咨询热线 / 0755-82705599　销售热线 / 027-87396822
http://www.lovereadingbooks.com

图书在版编目（CIP）数据

蚈蠊 /（日）馆野鸿著绘；徐超译；张巍巍校注
. -- 北京：新星出版社，2021.12
　ISBN 978-7-5133-4641-2
　Ⅰ . ①蚈… Ⅱ . ①馆… ②徐… ③张… Ⅲ . ①蟋蟀 -
普及读物②蚈蠊目 - 普及读物 Ⅳ . ① Q969.26-49
② Q969.25-49
中国版本图书馆 CIP 数据核字 (2021) 第 169306 号

蚈蠊

[日] 馆野鸿 / 著绘　徐超 / 译　张巍巍 / 校注

责任编辑： 李文彧
选题策划： 周　杰
责任印刷： 李珊珊
装帧设计： 杨丽村

出版发行： 新星出版社
出 版 人： 马汝军
社　　址： 北京市西城区车公庄大街丙 3 号楼　100044
网　　址： www.newstarpress.com
电　　话： 010-88310888
传　　真： 010-65270449
法律顾问： 北京市岳成律师事务所

印　　刷： 深圳市福圣印刷有限公司
开　　本： 889mm×1194mm　1/12
印　　张： 4
字　　数： 5 千字
版　　次： 2021 年 12 月第一版　2021 年 12 月第一次印刷
书　　号： ISBN 978-7-5133-4641-2
定　　价： 59.00 元